Bibliografische Information der Deutschen Nationalbibliothek:

Die Deutsche Bibliothek verzeichnet diese Publikation in der Deutschen Nationalbibliografie; detaillierte bibliografische Daten sind im Internet über http://dnb.d-nb.de/ abrufbar.

Impressum:

Druck und Bindung: Books on Demand GmbH, Norderstedt Germany
ISBN: 9783668539143

Dieses Buch bei GRIN:

http://www.grin.com/de/e-book/376753/teamteaching-kooperative-unterrichtsmethoden-im-fach-geographie

André Schönen

Teamteaching. Kooperative Unterrichtsmethoden im Fach Geographie

GRIN Verlag

Humanwissenschaftliche Fakultät der Universität zu Köln

TEAMTEACHING

Vorstellung einer kooperativen Unterrichtsmethode sowie deren Anwendung auf eine Exkursionseinheit im Fach Geographie

Ausarbeitung
im Rahmen des Proseminars
„Unterricht planen und gestalten als Kompetenzen im Lehrerberuf“

vorgelegt von:
André Schönen

Inhaltsverzeichnis

1. Einleitung

„Der Lehrer steht im Mittelpunkt seines Unterrichts“

Dieser Kerngedanke ist spätestens seit dem Paradigmenwandel infolge des PISA-Schocks im Jahr 2000 Geschichte. Im Zuge der neuen Bildungsstandardentwicklungen werden im deutschen Bildungswesen immer wieder neue Unterrichtsmethoden entworfen und diese auf ihre Brauchbarkeit getestet. Hierzu bedienen sich Pädagogen sowohl an alten Lernmodellen oder greifen reformpädagogische Ansätze aus dem Ausland auf.
Während in Deutschland besonders der Inklusionsansatz das Unterrichtsgeschehen immer stärker prägt und damit die Kooperation der Schüler untereinander gefördert wird, so ist der Begriff des „Teamteachings“ im deutschen Bildungssystem eher selten zu finden und die gleichnamige Unterrichtsmethode bisher kaum erforscht wurden.
Besonders deshalb ist es interessant sich dieser für deutsche Schulen relativ neuen Unterrichtsform zu widmen und gleichzeitig ein Unterrichtskonzept zu entwerfen, woran die Vorteile dieser Methode für den Unterricht zu erkennen sind.

Zunächst wird daher das folgende Kapitel 2 den Begriff „Teamteaching“ definieren sowie seine Herkunft und die verschiedenen Organisationsformen (Kapitel 2.1.) näher erläutern. Kapitel 2.2. beschreibt die Entwicklungsphasen eines Lehrerteams während der Teamteaching-Methode und wirft dabei auch Probleme bei der Zusammenarbeit von Lehrern auf. Anschließend wird in Kapitel 2.3. die Vielfalt an Unterrichtsformen vorgestellt, wo Teamteaching bereits ansetzen kann. Die Zielsetzung dieses Begriffs und Wirkungsweise für Schüler und Lehrer werden im Anschluss detailliert dargestellt (Kapitel 3) und die Bedeutung der Evaluation als wichtiger Überprüfungs- und Beobachtungsprozess in Kapitel 4 herausgearbeitet.
Daran anknüpfend wird Teamteaching in eine von mir geplante Unterrichtseinheit eingegliedert. Als Student des Fachs Geographie habe ich mich für eine, im Rahmen des Erdkundeunterrichts einer zehnten Klasse gestaltete Exkursion in die zwei Hauptgeschäftsstraßen der Rheinmetropole Köln entschieden. Hier wird in Kapitel 5 herausgearbeitet, wie Teamteaching im Erdkundeunterricht auf einer Exkursion und auch in Verbindung mit anderen Fächern in der Praxis funktionieren kann.

2. Was ist Teamteaching?

Um im späteren Verlauf dieser Ausarbeitung die Bedeutung und die Vorteile dieser Methode herauszuarbeiten, muss zunächst der Begriff „Teamteaching“ an sich geklärt werden. Teamteaching ist eine besondere Form der Unterrichtsorganisation. Hierbei tragen zwei oder mehr Lehrkräfte die Verantwortung für den gesamten oder einen bestimmten Teil des Unterrichts derselben Schülergruppe. Hier beginnt die Zusammenarbeit des Lehrerteams bereits bei der Vorbereitung des Unterrichtsstoffes, wird dann fortgesetzt beim kooperierenden Unterrichten vor der Klasse und endet in der Evaluation und Nacharbeitung des Unterrichts. Damit deckt Teamteaching drei wichtige kommunikative Ebenen einer Lehrerzusammenarbeit ab: Die Planung, Durchführung und Auswertung eines Lehr- und Lernprozesses (vgl. Winkel 1974: 29-32).

Der Begriff kam zum ersten Mal Mitte der 50er-Jahre in den USA auf. Auch in England konnte Teamteaching ab Mitte der 60er-Jahre einen erfolgreichen Einzug in die Klassenräume des Landes vollziehen. Im Zentrum all dieser Teamteaching-Bewegungen stand der pädagogische Ansatz der flexiblen Kommunikation und Kooperation zwischen Lehrern und Lernenden.

Auch in Deutschland wird besonders seit dem PISA-Schock die Heterogenität der einzelnen Kinder stärker fokussiert. Alle Kinder sollen in das Unterrichtsgeschehen miteinbezogen werden abgesehen von ihrem Leistungsstand. Die Lernchancen sollen für alle Klassenmitglieder stärker verbessert werden. Dieser Wandel gibt neuen Methoden wie Teamteaching einen großen Versuchsspielraum (vgl. Dechert 1972: 19-23).

2.1. Organisation von Teamteaching

Teamteaching ist eine Methode von vielen verschiedenen Kooperationsformen im Unterricht. Aufgegliedert in die verschiedenen Facetten wird schnell erkennbar, wie unterschiedlich Teamteaching von den beteiligten Akteuren vollzogen werden kann. Teamteaching verläuft daher nicht nach einem klaren Zeitplanmuster, sondern wird von den Lehrkräften selbst gesteuert. Dabei sind viele Faktoren bei der Durchführung zu berücksichtigen, die aber individuell je nach Einsatz, Schule und Budget koordiniert werden können. Im Folgenden werden daher die einzelnen Organisationsaspekte eines Teamteaching-Prozesses näher erläutert.

Zunächst muss ein Team gebildet werden. Hier können die Lehrpersonen freiwillig ihren Teampartner wählen oder es erfolgt eine Zuteilung der Partner durch eine höhere Instanz. Zur Vorbereitung kann die Gruppe bei anderen bereits erfahrenen Teamteaching-Gruppen hospitieren. Bei diesem Schritt kann man auch erstmals ein Begleitkonzept anfertigen, das schon im Vorfeld die Organisation, Weiterbildung und Evaluation der Methode regelt. Die Gründung einer Gesprächsgruppe mit regelmäßigen Sitzungen dient u.a. der Festlegung erster Ziele für den gemeinsamen Erfolg (vgl. Halfhide & Frei 2002: 18).
Bevor das erste Teamteaching beginnt, sollten der Klassenraum und zusätzliche Räume optimal für die jeweilige Lernsituation eingerichtet und unterteilt werden, um damit vielfältige Lernmethoden ausnutzen zu können. Teamteaching beinhaltet nicht nur das gemeinsame Frontalunterrichten, sondern wird auch für Gruppenarbeiten und integrative Lernmethoden angewendet, sodass für die Schüler ein möglichst breitgefächertes Lernangebot entstehen kann. Die Anschaffung von neuen Lehrmitteln, die auf den Teamteaching Prozess ausgelegt sind, fördern die Individualisierung und Differenzierung für jedes Unterrichtsthema (vgl. Halfhide & Frei 2002: 18).
Auch äußere Faktoren müssen für ein erfolgreiches Teamteaching stimmen. Die Schulbehörde muss genügend Wochenstunden bewilligen. Das Tandemmodell ist die klassische Form des Teamteachings, bei der immer zwei Lehrkräfte in einer Klasse unterrichten. Bei diesem Modell sind pro Klasse vier bis sechs Wochenstunden nötig um die Schüler überhaupt an diese neue Unterrichtsmethode heranzuführen.
Professionelles Teamteaching hat neben dem rein organisatorischen einen hohen Kostenaufwand. Die Schule muss zusätzliche Lehrerstunden, Weiterbildungen und Begleitmaterial für die jeweiligen Teilnehmer finanzieren. Auch die äußeren Faktoren bewirken bei den beteiligten Lehrern einen sicheren Umgang mit der Methode und erleichtern somit die gemeinsame inhaltliche Planung und methodische Durchführung des Unterrichts (vgl. Halfhide & Frei 2002: 19).

2.2. Entwicklungsphasen des Teams

Da jedes Lehrerteam individuell agiert und mit einem unterschiedlichen Methodenmix das Teamteaching gestaltet, führt dies folglich neben den Ergebnissen auch zu Problemen und eröffnet Problemfelder innerhalb der Gruppe. Die Wissenschaftler Francis und Young sprachen 1989 erstmals von einer „Teamentwicklungs-Uhr“, deren vier Phasen jedes Team durchläuft (vgl. Halfhide & Frei 2002: 8). Im Folgenden werden diese vier Phasen näher erläutert:

In der Startphase, dem sog. „Forming“ setzt sich das Team „mit den Zielen des gemeinsamen Unterrichten auseinander“ (Halfhide & Frei 2002: 19). Hierbei kann jeder Teilnehmer seine Vorstellungen und Ideen in der Gruppe äußern. Es zeigen sich erste Parallelen und Unterschiede in der Vorgehensweise. Die Arbeitsweisen der einzelnen Kollegen lassen sich viel schneller erkennen und ergeben gemeinsam einen größeren Ideen- und Aktionsspielraum für zahlreiche Unterrichtskonzepte. Erste Ziele werden von den Lehrern festgelegt und im Begleitkonzept festgehalten.

Das „Storming“ wird während der zweiten Phase durchlaufen. Hier liegt der erste gemeinsame Unterricht hinter der Lehrergruppe. Gleichzeitig haben die Akteure erste direkte Erfahrungen im Zusammenarbeiten gemacht. Hierbei treten Konflikte und Spannungen in einer Gruppe auf. Ist der Unterricht doch anders verlaufen, als sich dies ein Teammitglied vorgestellt hat? War eine Lehrkraft dominanter als eine andere? Sind die Unterrichtsstile zu verschieden? Diese Fragen gilt es anzusprechen um daraufhin neue Grundhaltungen abzustimmen, an die sich alle Beteiligten halten müssen. Durch die verschiedenen Überzeugungen entstehen in dieser Phase oft Gefühle der Enttäuschung, Wut, Angst vor Stagnation, sodass viele Lehrer vorerst im Teamteaching keine geeignete Methode der Zusammenarbeit sehen (vgl. Halfhide & Frei 2002: 8).

Erst wenn derartige Spannungen im Team erlebt worden, kann die dritte Phase einsetzen. Das sog. „Norming“ fordert die Akteure auf, ihre Ziele wieder in den Fokus zu nehmen und die bisherige Konfliktsituation durch konstruktive Kommunikation zu verbessern. Objektive Feedbackrunden erleichtern diese Entwicklung und fördern die Abmachung neuer Umgangsformen und Verhaltensweisen. Die gegenseitigen Anforderungen und Spielregeln sind jetzt für jeden Teilnehmer klar zu erkennen, sodass eine Orientierung daran in den folgenden Schulstunden direkt leichter fällt (vgl. Halfhide & Frei 2002: 8).

Beim „Performing“ der letzten Phase der Teamentwicklungs-Uhr sollten die Lehrer in der Lage sein, auf gleicher Augenhöhe miteinander zu kooperieren. Bei einem gleichwertigen Zusammenarbeiten können auch neue Konflikte effizienter gelöst werden. Die Teamarbeit soll unter den Lehrkräften ein „Wir-Gefühl“ auslösen, das sich wiederum positiv auf die Lernatmosphäre einer Klasse oder der Stimmung innerhalb eines Kollegiums auswirken kann (vgl. Halfhide & Frei 2002: 8).

2.3. Formen des Teamteachings

Das bereits geschilderte Tandemmodell ist das am stärksten praktizierte Verfahren, wenn von Teamteaching die Rede ist. Zwei Lehrpersonen unterrichten für einige Lektionen an einer Klasse. Doch es gibt viele Typen der Zusammenarbeit, die Teamteaching an Schulen möglich machen.

Die gemeinsame Betreuung einer Stufe oder eines Jahrgangsteams durch mehrere Lehrpersonen ist besonders in gymnasialen Oberstufen hilfreich. Hier finden sich mit dem Ziel auf das Bewältigen der Zentralabitur-Aufgaben Lehrerteams zusammen, die ihre Kurse parallel steuern möchten, um den gleichen Lernstatus in allen Kursen zu gewährleisten. Verschiedene Themenbereiche können hier beispielsweise auf die Lehrpersonen aufgeteilt werden, sodass eine Rotation an Lehrkräften für die Klasse frischen Wind in ein neues Thema bringt und die Lehrer gleichwohl stärker im Thema vertieft sind (vgl. Halfhide & Frei 2002: 9).

Auch das Teamteaching in offenen Lernformen wie Projekt- oder Freiarbeitsphasen kann hilfreich sein, da sich hierdurch fächerübergreifende Projekte verwirklichen lassen. Die Schüler können einen umfassenderen Blick über Themengebiete erlangen, da sie sich in einem anderen Schulfach unter einem anderen Gesichtspunkt untersuchen lassen. Die beteiligten Lehrer spenden ihre Stunden, leiten in diese Problematiken ein und geben Hilfestellungen. Die einzelnen Schüler profitieren durch das Teamteaching, da anstatt eines Lehrers mehrere Lehrer als Ansprechpartner bei Hilfestellungen oder Problemen fungieren.

Einzelne Halbtagskräfte können durch Teamteaching eine Klasse zusammen leiten und unterrichten. Damit Teamteaching möglich ist, müssen die beiden Arbeitspensen der Lehrkräfte zusammen mehr als eine ganze Stelle ergeben, da neben dem Unterrichten auch Vor- und Nachbereitungen sowie externe Schulungen zu absolvieren sind (siehe 2.1.).

Teammodelle sind auch für multikulturelle oder andere heterogene Lerngruppen besonders hilfreich. Je nach Schwerpunkt kann eine der Lehrkräfte im Fach Deutsch den Zusatzteil „Deutsch als Fremdsprache“ unterrichten um somit das interkulturelle Lernen in einem Klassenverband zu fördern. Auch leistungsschwache Schüler können in gesteuerten Gruppenprozessen durch die Anwesenheit mehrere Lehrpersonen viel stärker gefördert werden. Wenn die Lehrer vorbildlich im Team agieren, färbt das auch auf die Schüler ab. Verschiedene Methoden wie das kooperative Lernen bieten Chancen die divergierenden Fähigkeiten der einzelnen Schüler für das gemeinsame Lernen in heterogenen Klassenverbänden auszunutzen (vgl. Halfhide & Frei 2002: 9).

3. Wirkung auf Schüler und Lehrer

Von der Methode des Teamteachings sollen sowohl Schüler als auch Lehrer profitieren. Welche Ziele soll Teamteaching zunächst bei der Gruppe der Schüler bewirken?
Durch die Anwesenheit mehrerer Lehrpersonen lässt sich die Konzentration der Schüler stärker fördern. Dinge, die ein Lehrer alleine schnell übersieht, können mit vier oder sechs Augen besser beobachtet werden. Der Schüler fühlt sich von den anwesenden Lehrern gleichzeitig ernster genommen und kann durch die erhöhte Fokussierung kaum noch durch andere Störquellen abgelenkt werden (vgl. Halfhide & Frei 2002: 10).
Wenn die beteiligten Lehrer bereits als eingespieltes Team geschlossen agieren, merken die Schüler schnell, wie faire Teamarbeit funktioniert. Sie lernen durch das vorgelebte Rollenbild soziale Verhaltensweisen, da sie am Lehrerbild erleben, dass auch Erwachsene gemeinsame Ziele haben und diese in Kooperation erreichen wollen.
Teamteaching ermöglicht auch ein erleichtertes Arbeiten in Schülergruppen. Durch die Aufteilung einer Klasse können sich die Lehrkräfte die Aufsicht verschiedener Schülergruppen teilen und in diesen wiederum erzieherische Schwerpunkte setzen. Der schwache Schüler profitiert hier von einer stärkeren Betreuung und der leistungsstärkere Schüler kann noch individueller gefördert werden (vgl. Halfhide & Frei 2002: 10).
Während Schüler sich bisher nur an den Klassenlehrer oder einen möglichen Betreuungslehrer wenden konnten, können sie beim Teamteaching aus zwei oder mehr Ansprechpartnern wählen. Jeder der Ansprechpartner kennt durch das Teamteaching sowohl den Lernstand des einzelnen Schülers als auch die Klassenatmosphäre. Die isolierte Bezugsperson in Form des Klassenlehrers wird damit abgeschafft und gleich mehrere motivierte Lehrkräfte treten an diese Stelle (vgl. Halfhide & Frei 2002: 10).

Auch für die Lehrperson kann die Aufteilung auf verschiedene Ansprechpartner für eine Klasse sehr entlastend wirken. Nicht alle Probleme werden an eine Person herangetragen und bei anstehenden Problemen innerhalb der Lerngruppe lässt sich auch die Meinung der anderen Teamkollegen einholen, da diese durch den gemeinsamen Einsatz komplett eingeweiht sind und Schüler, Thema und Stimmung genau kennen. Dies durchbricht zum einen die vorher vorhandene Lehrerisolation und steigert damit auch die Berufszufriedenheit, da man Unterricht nun im Team erlebt (vgl. Halfhide & Frei 2002: 11).
Weitere Entlastungen für die Beteiligten sind neben der eigenen Verantwortungsaufteilung auch die Aufgabenbereiche, die von den anderen Teammitgliedern übernommen werden. Auch das isolierte Lehrerarbeiten wird stark reduziert. Gemeinsame Vorbereitung und gegenseitiges

Anregen fördern den Ideenreichtum aller Kollegen und schaffen neue Unterrichtsinnovationen. Jede Lehrkraft bildet sich durch das regelmäßige Feedback des Teams automatisch weiter, was wiederum zu einem schnelleren Erkennen persönlicher Stärken und Schwächen führt. Die eigene Wahrnehmung wird geschult, genau wie ein völlig neuer Lernprozess für den Lehrenden entsteht. Jeder Lehrer kann sich anhand der Vorgehensweise seiner Kollegen wichtige Unterrichtsmethoden und Unterrichtsstile aneignen (vgl. Dechert 1972: 210-211).
Teamteaching ermöglicht auch eine stärkere Unterbindung von Störquellen. Besonders bei verhaltensauffälligen Schülern kann durch die Anwesenheit mehrerer Lehrkräfte der Schüler immer im Blick gehalten werden, sodass er die anderen Schüler in ihrer Lernleistung nicht weiter beeinträchtigen kann (vgl. Halfhide & Frei 2002: 10).
Die höhere Anzahl der Lehrkräfte hat entscheidenden Einfluss auf die Leistungsbeurteilung der Schüler. Hier sehen vier Augen mehr als zwei. Die objektivere Leistungsbewertung wird durch mehrere Lehrer stärker gewahrt und jeder Lehrer hat durch die individuelle Beobachtung andere Eindrücke von einem Schüler gewonnen.

Teamteaching kann durch verschiedene Wirkungsmechanismen den Unterricht für Schüler und Lehrer viel leichter und qualifizierter gestalten. Die höhere Unterrichtsqualität bewirkt beim Schüler ein verbessertes Lernniveau, das dieser sich zu Nutze machen kann.

4. Evaluation – „Sind unsere Ziele erreicht worden?“

Maßgeblich zu dem Erfolg von Teamteaching tragen verschiedene Evaluationsformen bei. Zunächst sollte man im Team Indikatoren für gute Unterrichtsqualität festgelegt haben. Durch ein sog. „Tandem-Journal“ lässt sich z.B. beim Tandemmodell durch gemeinsame Reflexionen genau festlegen, welche Unterrichtssequenzen gut gelaufen, verbessert oder gar nicht funktioniert haben. Diese interne Evaluationsmaßnahme dient der kontinuierlichen Qualitätsverbesserung des Teams. Zur Einschätzung des eigenen Unterrichts kann man sich speziell auf die Teamteaching-Methode ausgelegte Auswertungsbögen zulegen um den eigenen Fortschritt zu dokumentieren (vgl. Dechert 1972: 242).
Auch die Feedbackregeln sind innerhalb des Teams streng zu beachten. Der regelmäßige Feedbackaustausch nach verschiedenen Unterrichtssequenzen ist unverzichtbar, wenn man Teamteaching erfolgreich durchführen will (vgl. Halfhide & Frei 2002: 28).
Externe Evaluation sollte bei einer längerfristigen Teamarbeit erfolgen. So lässt man eine unabhängige Fachperson verschiedene Unterrichtssequenzen besuchen und diese mit den

entsprechenden Beobachtungsbögen von ihr auswerten. Diese Person kann sowohl ein Kollege des gleichen Fachs als auch ein bereits geschulter Teamteaching-Kollege einer anderen Schule sein.
Im Teamjournal sollte neben den verschiedenen Entwicklungsschritten auch eine Schuljahresplanung aufgestellt werden. Hier sind neben den inhaltlichen und erzieherischen Zielen und Kompetenzen auch die Methoden und Organisationformen zu nennen. Die Einhaltung dieses Zeitplans dient als weiterer Bewertungspunkt bezüglich der Vorgehensweise des Teams. Jedes Teammitglied erkennt daran, in welcher Weise und in welcher Zeit Teamteaching zum Erfolg führt (vgl. Dechert 1972: 244).

5. Anwendung von Teamteaching für die Methode der Kartierung auf einer Geographie-Exkursion

„Die Arbeit im Gelände bildet das Herz geographischen Arbeitens." (Haubrich 2006: 134).

Die Geographin Christiane Meyer verdeutlicht mit ihrer Aussage die Bedeutung für die Eingliederung von Exkursionen im schulischen Geographieunterricht. Denn nirgendwo anders als direkt vor Ort lässt sich für Schüler der bereits vermittelte Unterrichtsstoff mit den praktischen Erfahrungen in der Wirklichkeit besser verknüpfen. Durch diese Unterrichtsform erlangt der Schüler ein viel einprägsameres Wissen über den zu untersuchenden Exkursionsort. Dieser Mehrwert wird zudem noch durch den Erlebnischarakter der Exkursion gesteigert. Losgelöst aus ihrem bisherigen Klassenzimmer können die Schüler im Gelände viel freier agieren, was gleichzeitig auch eine Steigerung der Lernmotivation bewirkt (Haubrich 2006: 135-136).

Die Kartierung ist im Geographieunterricht für Schüler eine beliebte Methode um Sachverhalte an einem begrenzten Ort festzuhalten und auszuwerten. So lassen sich beispielsweise für einen möglichen Unterrichtsentwurf Teile der Kölner Hauptgeschäftsstraßen „Schildergasse" und „Hohe Straße" in verschiedene Branchen kartieren. Schüler einer zehnten Klasse sollten innerhalb eines Zeitumfangs von 40 Minuten jeweils eine Straßenseite auf einer bereits vorgefertigten thematischen Karte kartieren, d.h. die Geschäfte und deren Preissegment in verschiedene Branchen unterteilen und diese auf der Karte mithilfe von Symbolen oder Farben graphisch festhalten. In einer anschließenden Auswertung mit allen Gruppen sollen vor Ort die Ergebnisse der einzelnen Straßenabschnitte vorgestellt werden. In einem weiteren Schritt sollen die Schüler Besonderheiten auswerten und unter dem Gesichtspunkt „Preislevel in Bezug auf Lage“ Probleme erkennen. Der Transfer zu anderen Orten mit ähnlicher Problematik wird von den Schülern letztlich auch geleistet.

Besonders eine schülererarbeitende Exkursionsform wie diese erfordert eine erhebliche Vorbereitung und gleichzeitig auch eine umfassende Betreuung vor Ort. Hier lässt sich die Lehrerarbeit im Team sehr gut integrieren. Bereits im Vorfeld kann der Exkursionsort vom Lehrerteam im Rahmen einer Vorexkursion begangen werden, sodass mögliche Probleme (Baustellenbehinderung, Lage des Gebiets bei Veranstaltungen) bereits im Vorfeld ausgeschlossen werden können. Eine erste Musterkartierung kann ebenfalls angefertigt werden, sodass einzelne Unsicherheiten mit dem Team abgeglichen werden können. Auch der Zeiteinsatz für die Methode der Kartierung kann bei einer Vorexkursion und dem selbstständigen Ablaufen des Schülerwegs besser bestimmt werden. Im Vorfeld sollte das Lehrerteam genau abstimmen, welche Rolle jeder Lehrer bei der Exkursion erhält, welchen thematischen Teil er übernimmt und wie und wo die Schüler an die Aufgabenstellung am besten herangeführt werden.

Am Exkursionstag müssen die inhaltliche Planung und die Zeitplanung genau festgelegt sein. Ein Lehrer übernimmt den thematischen Einführungsteil, während seine Kollegen die Klasse zusammen halten. Der Lärmpegel ist in einer Großstadt viel höher, sodass bei kleinsten Störquellen innerhalb der Schülergruppe die Aufmerksamkeit erheblich nachlässt. Hier hat ein einziger Lehrer das Nachsehen. Durch die Anwesenheit mehrere Lehrkräfte um die Schülergruppe herum, wird die Aufmerksamkeit stärker wieder auf das Exkursionsthema gelenkt.
Nachdem ein zweiter Kollege die Kartierungsmethode erklärt hat, beginnt der schülerzentrierte Teil der Exkursion. Die Geschäftsstraßen sind auf den einzelnen Karten der vier Schülergruppen genau eingegrenzt. Die Lehrer können somit genau steuern, wo welche Schülergruppe anfängt und wo die Kartierung endet. Durch die Anwesenheit von drei Lehrkräften, ist an jeweils drei Orten ein Ansprechpartner bei aufkommenden Fragen vertreten.
Einzelne Schüler, die noch Unsicherheiten bei der Kartierung aufweisen, können von einer der Lehrpersonen nochmal gezielt gefördert werden, in dem einige Geschäftsbeipiele zusammen erarbeitet werden.
Vier Schülergruppen laufen während der Kartierung immer näher aufeinander zu bis sie sich an einem vorher bekannten Treffpunkt wiederfinden. Auch hier wartet bereits eine Lehrkraft auf sie um sie mit ihren fertiggestellten Karten zu begrüßen. Die Vorstellung und Auswertung der

Karten wird von einer weiteren Lehrperson koordiniert. Den Transfer zu anderen Regionen mithilfe von Fotos aus anderen Einkaufsstraßen ebnet der dritte Lehrer. Dieses Vorgehen schafft auch für die Schüler viel Abwechslung.
Die Lehrpersonen müssen keinesfalls alle Erdkundelehrer sein. So könnte beispielsweise auch ein Englischlehrer den Transfer zu einer englischen Einkaufsstraße ziehen und Parallelen und Unterschiede zwischen deutschen und englischen Städten herausarbeiten. Oder der Politiklehrer thematisiert den Einfluss verschiedener Geschäfte auf das Konsumverhalten von Jugendlichen. Diese geschilderten Vorgehensweisen sollten im Unterricht der einzelnen Fächer mithilfe des Lehrerteams weiter vertieft werden. Die Eindrücke in Köln haben sich in die Köpfe der Schüler eingebrannt. Diese Informationen gilt es nun im Erdkunde-, Englisch- oder Politikunterricht neu aufzugreifen und diese fächerübergreifend zu untersuchen. Durch die vielen Facetten, die ein Thema durch seine fächerübergreifende und lehrerkooperierende Bedeutung aufwirft, kann der Schüler sich viel stärker mit dem „erlebten" Thema auseinandersetzen, womit auch seine Lernbereitschaft und Motivation ansteigt.

6. Fazit

Dieser kurze Unterrichtsentwurf zeigt sehr überzeugend, wie vielseitig Teamteaching im Unterricht angewendet werden kann. Für den Geographieunterricht, in dem oft lange Erarbeitungsphasen an Karten oder anderen Medien schülerzentriert in Einzel- oder Gruppenarbeiten durchgeführt werden, ist Teamteaching eine gute Möglichkeit um mit zwei oder mehr Lehrkräften dem einzelnen Schüler gerecht zu werden. Nicht jeder Schüler weist auf Anhieb ein räumliches Orientierungsvermögen mithilfe von Karten auf. Einige Schüler müssen diese Kompetenz erst in Kleinschritten erlernen bis sie sich mit einer Karte selbstständig orientieren können. Um dieser Heterogenität gerecht zu werden, kann Teamteaching durch präzise Gruppeneinteilungen und Aufgabenlenkung die Lernziele individuell steuern, sodass alle Schüler gleichermaßen gefördert werden und die jeweilige Kompetenz und das vereinbarte Lernziel gemeinsam erreichen können.
Daher sollte Teamteaching in vorheriger Absprache mit den kooperierenden Lehrern viel häufiger in deutschen Schulen zum Einsatz kommen. Neben dem deutlich starken Schülerfokus wird auch die Lehrerperson neu bereichert, indem sie viele Rückmeldungen sowie Tipps und Ideen von den übrigen Kollegen erhält. Der direkte Austausch des Unterrichtsgeschehens mit anderen Kollegen schafft eine viel teamfähigere Arbeitsatmosphäre im Kollegium und sollte daher zukünftig von jeder Schulleitung einmal durchdacht werden.

7. Literaturverzeichnis

Literaturliste

Dechert, Hans-Wilhelm (1972): Team Teaching in der Schule.- 1. Aufl., R. Piper & Co. Verlag, München.

Halfhide, Therese und Frei, Marianne (2002): Teamteaching. Wege zum guten Unterricht.- 3. Aufl., Lehrmittelverlag des Kantons Zürich, Zürich.

Haubrich, Hartwig (2006): Geographie unterrichten lernen. Die neue Didaktik der Geographie konkret.- 2. Aufl., Oldenbourg Schulbuchverlag, München.

Winkel, Rainer (1974): Theorie und Praxis des Team Teaching.- 2. Aufl., Westermann Verlag, Braunschweig.